Made in the USA
Las Vegas, NV
06 December 2023

82226437R00057